Sitzungsberichte
der Akademie der Wissenschaften
der DDR
Mathematik – Naturwissenschaften – Technik

17 N

1980

Knut-Olaf Haustein

Probleme bei der Optimierung der Therapie mit Digitalisglykosiden

AKADEMIE-VERLAG · BERLIN

Sitzungsberichte
der Akademie der Wissenschaften
der DDR
Mathematik — Naturwissenschaften — Technik

Jahrgang 1980 · Nr. 17/N

Knut-Olaf Haustein

Probleme bei der Optimierung der Therapie mit Digitalisglykosiden

AKADEMIE-VERLAG · BERLIN
1981

Vortrag vor der Klasse Medizin
am 20. 9. 1979 von Prof. Dr. Knut-Olaf Haustein,
Medizinische Akademie Erfurt

Herausgegeben im Auftrage
des Präsidenten der Akademie
der Wissenschaften der DDR
von Vizepräsident Prof. Dr. Heinrich Scheel

Erschienen im Akademie-Verlag, DDR-1080 Berlin, Leipziger Str. 3—4

Lizenznummer: 202 · 100/85/80
Gesamtherstellung: VEB Druckhaus Köthen
Bestellnummer: 762 890 3 (2010/80/17/N) · LSV 2065
Printed in GDR
DDR 3,— M

Herzglykoside sind seit etwa 200 Jahren in den therapeutischen Schatz aufgenommen. Bereits durch die subtilen Untersuchungen des englischen Arztes W. WITHERING [117] war die geringe therapeutische Breite der Fingerhut-Extrakte erkannt worden. Dieser Nachteil sowie starke Schwankungen im Wirkstoffgehalt dieser Extrakte hatten die Anwendung in den darauffolgenden Jahrzehnten deutlich in den Hintergrund treten lassen. Erst die Erfolge der Steroidchemie bei der Isolierung [24, 60, 79, 103] und Untersuchungen zur Wirkung dieser Stoffe [14, 37, 86, 115] haben die Anwendung der Glykoside wieder aufleben lassen. Schließlich erbrachten umfangreiche Studien AUGSBERGERS [3, 4] eine erste Optimierung, indem für mehrere Glykoside auf der Grundlage klinischer Beobachtungen und Messungen sogenannte Sättigungs- und Erhaltungsdosen bzw. Persistenz- und Abklingquoten ermittelt wurden. Diese Werte waren für etwa 15 Jahre eine Richtschnur für die Behandlung.

Bei der Optimierung der Pharmakotherapie werden seit Jahrzehnten zwei Wege beschritten: 1. Ausgehend von bekannten Naturstoffen werden Verbesserungen der erwünschten Eigenschaften durch partialsynthetische Abwandlungen am Wirkstoffmolekül gesucht. 2. Durch klinisch-pharmakologische Untersuchungen wird eine optimierte Anwendung bereits bekannter Arzneimittel angestrebt.

Für den ersten Weg sei das von HENCH u. Mitarb. [53] in die Therapie eingeführte Cortisol genannt, welches wegen seiner erheblichen mineralotropen Wirkungen nur begrenzt zur Behandlung rheumatischer Erkrankungen geeignet war. Erst die partialsynthetische Abwandlung zum Prednisolon erbrachte den erwünschten Fortschritt für die medikamentöse Therapie [55], indem die Einführung einer zweiten Doppelbindung in Ring A des Steroidgerüstes eine Steigerung der antiinflammatorischen Wirkung bei deutlicher Verminderung der unerwünschten mineralotropen Eigenschaften zur Folge hatte. Für den zweiten Weg seien nur die differenzierte Behandlung der Hypertonie und die Bemühungen zur Optimierung der Pharmakotherapie mit Zytostatika, Antidiabetika und Antiepileptika angeführt.

Möglichkeiten und Ergebnisse der chemischen Abwandlung des Glykosidmoleküls

Entsprechend dem chemischen Aufbau des Glykosidmoleküls (Formel I) mit dem Steroidanteil und dem ungesättigten Laktonring sowie dem Zuckeranteil mit ein bis drei 1,4-verknüpften Desoxyzuckern sind Abwandlungen an beiden Teilen möglich. Für die Glykosidwirkung essentielle Gruppen bzw. Bindungen sind 1. die cis/cis-Verknüpfung der Ringe C und D, 2. ein ungesättigter Laktonring in Position 17β, 3. je eine OH-Gruppe in 3β- und 14β-Position sowie 4. die Verknüpfung der Zuckerreste in 3β-Stellung mit dem Geninanteil.

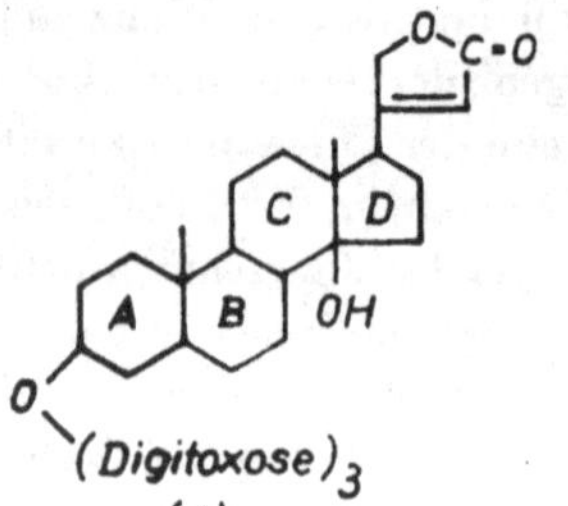

(I)

Derivierungen am Zuckeranteil

Seit Neumann [75] gibt es umfassende Bestrebungen, herzwirksame Glykoside, die in der Natur vorkommen, partialsynthetisch abzuwandeln. Einen durchschla-

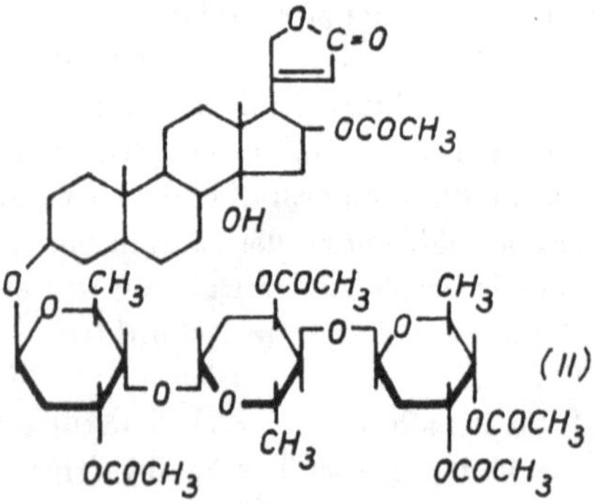

(II)

genden Erfolg erzielten Repke u. Megges [81] mit der Synthese von Penta-acetyl-gitoxin (Formel II). Gitoxin wird wegen seiner schlechten Löslichkeit und der dadurch bedingten mangelhaften Absorption in der medikamentösen Therapie nicht genutzt. Durch die Azetylierung der 4 zuckerständigen sowie der geninständigen OH-Gruppen in 16β-Position entsteht ein gut absorbiertes Glykosid (vgl. Tab. 3), welches seit 15 Jahren erfolgreich zur Behandlung von Dekompensationserscheinungen benutzt wird [29]. Penta-acetyl-gitoxin, welches am isolierten Herzen nur schwach kardiotonisch wirksam ist [39, 46], wird durch unspezifische Esterasen in der Darmwand sowie in der Leber spezies-spezifisch zu Gitoxin (z. B. bei der Ratte und dem Kaninchen) bzw. zu 16-Acetyl-gitoxin (beim Menschen und Meerschweinchen) desacetyliert [49, 50] und gelangt in dieser Form zur Wirkung. 16-Acetyl-gitoxin ist etwa 7mal stärker kardiotonisch wirksam als Gitoxin [39, 46] und reicht nach Untersuchungen am Hunde an die Wirksamkeit von Digoxin heran [47]. Die bisherige Ansicht, nach der Gitoxin die Wirkform des Penta-acetyl-gitoxins darstellt [81], mußte daher korrigiert werden. Da 16-Acetyl-gitoxin über bessere pharmakokinetische Eigenschaften als Gitoxin verfügt [50, 66], ist das Glykosid in einigen Punkten sogar günstiger zu beurteilen als Digoxin (vgl. Tab. 3).

In Analogie zu Penta-acetyl-gitoxin sind in den vergangenen 15 Jahren neben Digitoxin und Digoxin auch Acetyl-derivate in die Therapie eingeführt worden. Während die Digitoxin-acetate wegen der hohen Absorptionsquote des Ausgangsglykosids ohne Bedeutung blieben, sind die anlogen Digoxin-acetate sowie ein β-Methyl-digoxin (Verknüpfung der Methylgruppe über eine Ätherbrücke mit dem Zuckeranteil) in einigen Ländern in größerem Umfange in die Therapie eingeführt worden [65, 83, 84]. Wie aus den in Tabelle 1 zusammengefaßten Daten hervorgeht, steigt die Absorptionsquote von Lanatosid C über Digoxin zu β-Methyl-digoxin von etwa 50 auf 90% an, womit im Falle des letzteren Derivates eine mit Digitoxin vergleichbare Aufnahme erreicht wird. Da bei allen 5 Glykosiden im wesentlichen Digoxin als das eigentlich wirksame Glykosid im Blute nachzuweisen

Tabelle 1
Pharmakokinetische Parameter des Digoxins und seiner Derivate

Glykosid	Resorption (%)	Plasmaspiegel (ng/ml)	HWZ (β) (Std.)	Erh.-Dosis (mg)
Lanatosid C	60	1,0–3,0	32–33	1,0
Digoxin	70	1,0–2,0	33–36	0,5
α-Acetyl-digoxin	79	0,7–1,2	32–34	0,4
β-Acetyl-digoxin	78	0,7–1,2	33–35	0,4
β-Methyl-digoxin	91	1,0–1,5	32–34	0,2

ist, stimmen die Plasmaspiegel sowie die Eliminations-Halbwertzeiten überein, während die Erhaltungsdosen mit zunehmender Absorption von 1,0 auf 0,2 mg absinken (Tab. 1).

Es erhebt sich die Frage, ob mit diesen Digoxinabwandlungen eine Verbesserung der medikamentösen Therapie im Sinne einer Optimierung erreicht wird. Bei kritischem Überdenken der Befunde muß diese Frage verneint werden. Es werden mit der gesteigerten Absorption keine pharmakokinetischen Parameter verändert, während durch die relativ hohe Lipidlöslichkeit des β-Methyl-digoxins sogar psychotische Reaktionen bei einer Reihe von Patienten beobachtet wurden [104]. Diese Befunde sind durch vermehrte Penetration in das ZNS zu erklären.

Letztlich führen Derivierungen am Zuckeranteil des Glykosids nur zu Veränderungen der Absorptionsquote, so daß selbst schlecht aufgenommene Glykoside (z. B. Proscillaridin) mit einer derartigen Derivierung (β-Methyl-proscillaridin; vgl. [6]) therapeutisch nutzbar gemacht werden können. Der Wert dieses Vorgehens im Hinblick auf eine Therapieoptimierung ist jedoch fraglich.

Derivierungen am Geninanteil

Diesbezügliche Abwandlungen führen zu einschneidenden Veränderungen sowohl der Wirksamkeit als auch verschiedener pharmakokinetischer Parameter. Besonders empfindlich in diesem Sinne wirken sich Veränderungen am Ring D und am Laktonring aus (teilweise Zusammenfassung bei [32]). Während Substituenten in 14- und 15-Stellung bzw. Veränderungen am Laktonring die Wirksamkeit erheblich mindern [30, 58, 72, 73, 91 bis 94, 100, 105, 106], wirken sich Derivierungen in 16-Stellung unterschiedlich aus: Die Acetylierung von 16β-OH führt bei

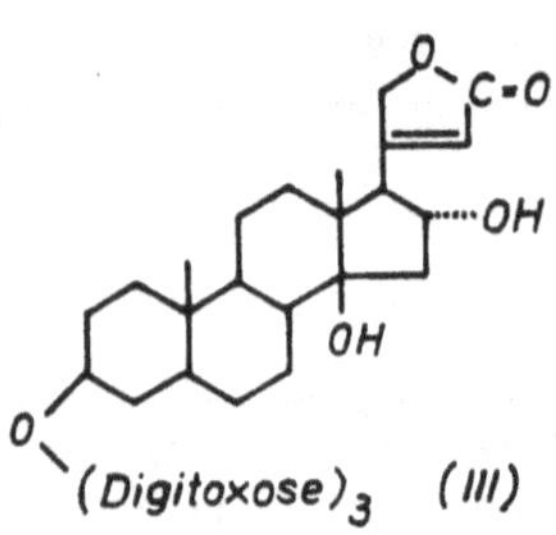

(III)

Vergleich mit Gitoxin zur Wirksamkeitssteigerung [39, 46, 47], während die Bildung des analogen 16α-Gitoxins (Formel III; [69]) ein Glykosid mit veränderten Wirkungsqualitäten darstellt.

16α-Gitoxin — Glykosid mit größerer therapeutischer Breite

Wie aus den in Abbildung 1 zusammengefaßten Versuchsergebnissen am isolierten Meerschweinchenherzen zu entnehmen ist, wirkt 16α-Gitoxin im Vergleich zu Gitoxin erst in 5—7fach höheren Konzentrationen [48]. 16α-Gitoxin wirkt insgesamt in einem breiteren Konzentrationsbereich und erzeugt höhere positiv inotrope Effekte als Gitoxin. Bei einer 30%igen Inotropiesteigerung ist das Ausmaß der Rhythmusstörungen unter Gitoxin schon sehr deutlich ausgeprägt, während unter 16α-Gitoxin derartige Störungen noch nicht auftreten. 16-Acetyl-gitoxin nimmt hinsichtlich der Zunahme der Rhythmusstörungen zwischen beiden Glykosiden eine Mittelstellung ein. Auch in Verbindung mit weiteren Ergebnissen wurde dieser Befund als ein Hinweis für das Vorliegen eines Glykosids mit besonderen therapeutischen Eigenschaften diskutiert: 16α-Gitoxin erwies sich im Gegensatz zu allen natürlich vorkommenden Glykosiden in einem größeren Konzentrationsbereich als positiv inotrop wirksam, ohne daß Störungen der Rhythmizität der Herzen auftraten [39, 46].

Diese Ergebnisse wurden durch Untersuchungen auf mehreren Integrationsebenen bestätigt: Bei elektrophysiologischen Studien an isolierten Fasern des Myokards und des Purkinjesystems aus dem Hundeherzen wurde unter 16α-Gitoxin

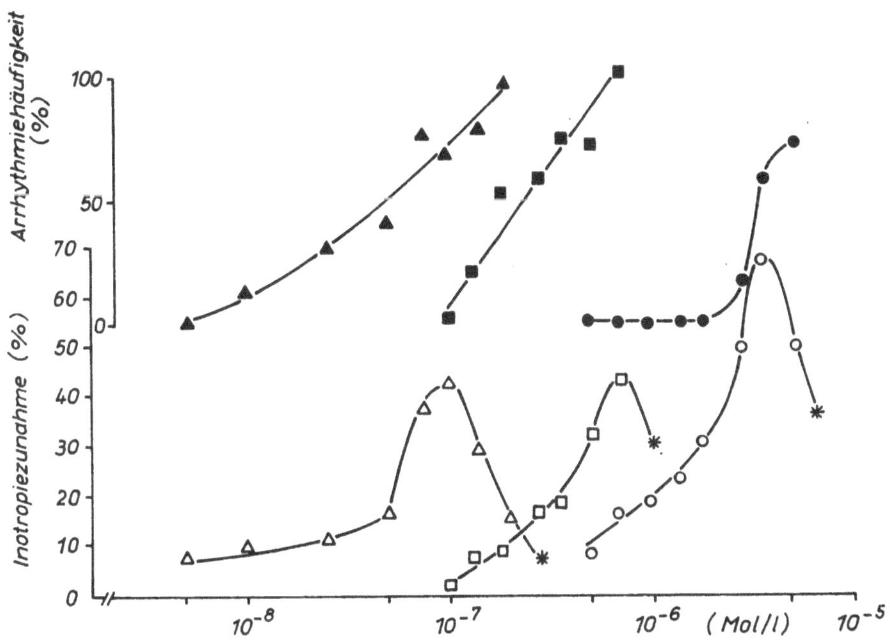

Abb. 1 Inotropiezunahme (ΔI_t) in Prozent und Häufigkeit des Auftretens von Rhythmusstörungen am isolierten Meerschweinchenherzen in Abhängigkeit von der Glykosidkonzentration unter 16α-Gitoxin (○ ●), Gitoxin (□ ■) und 16-Acetyl-gitoxin (△ ▲) (vgl. [46]).
Jeder Punkt stellt den Mittelwert von 5—12 Einzelmessungen an je einem Herzen dar

eine sehr viel später einsetzende Vergiftung der PURKINJEfasern als unter Ouabain nachgewiesen, wenn äquieffektiv inotrop wirksame Glykosidkonzentrationen eingesetzt wurden (Tab. 2). Die Vergiftung der PURKINJEfasern, angezeigt durch Erreichen der elektrischen Unerregbarkeit, war darüber hinaus durch Wechsel des Nährmediums nur im Falle des 16α-Gitoxins zu beheben [76]. Untersuchungen an narkotisierten Hunden bestätigten die an isolierten Präparaten gewonnenen Ergebnisse, jedoch erwies sich 16α-Gitoxin als ein Glykosid mit ultraschnell einsetzender, aber im Vergleich zu Ouabain mit sehr viel kürzerer Wirkungsdauer [43]. Erste Untersuchungen an freiwilligen Versuchspersonen ergaben prinzipiell gleiche Befunde, wenn die linksventrikuläre Austreibungszeit als Maß der Kontraktilität herangezogen wurde (FIEHRING u. ASSMANN, zit. bei [80]). Im Vergleich zu Ouabain waren jedoch 20fach höhere Dosen erforderlich. Nachfolgende pharmakokinetische Untersuchungen mit ^3H-markiertem 16α-Gitoxin an freiwilligen Versuchspersonen ergaben eine Eliminations-HWZ von nahezu 20 Std. [41], während die Wirkung etwa nur 2 Std. nachzuweisen war (vgl. [80]). Dieser Widerspruch findet eine Erklärung durch Untersuchungsergebnisse am $(Na^+\text{-}K^+)$-ATPase-System, nach denen der 16α-Gitoxin-Enzym-Komplex etwa 30mal schneller dissoziiert als der analoge Ouabain-Komplex [80]. Damit scheint eine anhaltende Wirkung nur durch ständige Zufuhr weiteren 16α-Gitoxins zu erreichen zu sein.

Tabelle 2
Überlebenszeit von isolierten Ventrikelfasern und PURKINJEfasern des Hundeherzens unter Ouabain und 16-epi-Gitoxin (nach [76])
(Messung des Aktionspotentials)

Glykosid	Konzentration (μMol/l)	Überlebenszeit (Min.) Ventrikelfasern	PURKINJEfasern	
Ouabain	0,1	321 ± 57 (4)	81 ± 11 (5)	$p < 0{,}01$
	0,125	186 ± 31 (6)	89 ± 21 (5)	
16α-Gitoxin	1,5	343 ± 62 (4)	200 ± 49 (5)	
	2,5	156 ± 21 (4)	68 ± 3 (3)	

( ) = Anzahl der Versuche

Insgesamt gesehen handelt es sich bei 16α-Gitoxin im Vergleich zu natürlich vorkommenden Glykosiden um ein solches mit spezifischer Beeinflussung der Arbeitsmuskulatur, was auf eine größere therapeutische Breite hinweisen könnte. Wegen der hohen Einzeldosen (10 mg) sind auch ökonomische Probleme bezüglich einer kosten- und materialaufwendigen Herstellung zu berücksichtigen. Davon unabhängig kann aber 16α-Gitoxin als erste Modellsubstanz angesehen werden, die Ansporn für die erfolgreiche Synthese eines Glykosids mit größerer therapeutischer

Breite sein sollte. Im internationalen Schrifttum gibt es nur ein partialsynthetisches Glykosid, von dem ähnliche Eigenschaften angenommen werden: Actodigin (Formel IV), ein am Laktonring abgewandeltes Glykosid, wurde von Pastelin u. Mendez [78] orientierend geprüft, jedoch stehen Befunde am Ganztier oder vom Menschen bisher aus. Somit ist ein Durchbruch auf diesem Gebiete noch nicht erzielt.

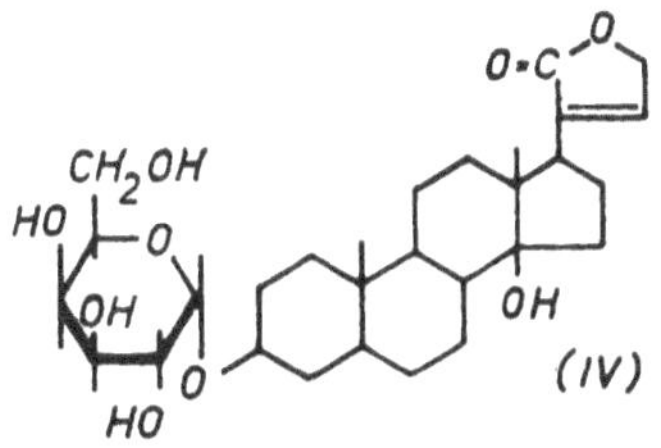

(IV)

Möglichkeiten und Ergebnisse der Therapieoptimierung mit natürlich vorkommenden Herzglykosiden

Möglichkeiten, die medikamentöse Therapie mit bekannten Herzglykosiden zu verbessern, ergeben sich durch
1. Verwendung von Glykosiden mit hoher Absorptionsquote und Berücksichtigung der Bioverfügbarkeit,
2. pharmakokinetische Untersuchungen unter Einbeziehung der Messungen des Glykosidspiegels im Plasma bzw. Serum und
3. Berücksichtigung von Störfaktoren und Interaktionsphänomenen.

Wahl der anzuwendenden Glykoside

Die Zahl der angebotenen Herzglykoside ist nach wie vor umfangreich (Digitoxin, Digoxin, Lanatosid C, Proscillaridin, Ouabain, Penta-acetyl-gitoxin). Auf einige von ihnen ist ohne weiteres zu verzichten, ohne daß eine Einschränkung der therapeutischen Möglichkeiten zu befürchten ist. Im Falle von Digoxin ist zusätzlich das Problem der wechselnden Bioverfügbarkeit in den verschiedenen pharmazeutischen Zubereitungen zu berücksichtigen (vgl. [67]). Unter dem Gesichtspunkt einer bevorzugten Verwendung von Herzglykosiden mit hoher Absorptionsquote kommen ausschließlich Digitoxin, Digoxin sowie Penta-acetyl-gitoxin (Pengitoxin) in eine engere Wahl. Lanatosid C, Proscillaridin und auch Ouabain können unter diesen Bedingungen unberücksichtigt bleiben. Für Lanatosid C ist gesichert, daß es bei seiner Darmpassage einer Desacetylierung zu Digoxin unterworfen wird, was in eine wenig effektive Digoxintherapie mündet [1, 20, 61]. Die „gute Verträglichkeit" des Lanatosid C wird durch eine verminderte Absorption im Vergleich zu Digoxin vorgetäuscht, weil die Desacetylierung in den distalwärts gelegenen Darmabschnitten erfolgt, wo die Absorption für das Glykosid deutlich vermindert ist.

Tabelle 3
Vergleich pharmakokinetischer Parameter wirksamer Herzglykoside

Glykosid	Absorption	HWZ (h)	PPB (%)	Elimination
Digitoxin	90–95	100–200	94–97	Digoxin
Pengitoxin	60–70	60–75	88–92	unwirksame Metabolite
Digoxin	60–70	35–45	20–30	16-Acetyl-gitoxin

Die pharmakokinetischen Parameter der 3 bevorzugt anzuwendenden Glykoside sind in Tabelle 3 zusammengestellt. Ihre Absorptionsquoten liegen zwischen 60 und 90%, die Eliminations-Halbwertzeiten sind deutlich abgestuft, während die Bindung an Plasmaproteine nur für Digoxin ohne Bedeutung ist, was sich auch in den unterschiedlichen Plasmakonzentrationen widerspiegelt. Da 16-Acetyl-gitoxin ebenso wie Digoxin unverändert über die Nieren ausgeschieden wird [50], könnten Funktionseinschränkungen der Nieren ebenfalls für die Dosierung bedeutsam sein.

Messungen des Glykosidplasmaspiegels

Da Korrelationen zwischen der Herzwirksamkeit der Glykoside und ihrer Konzentration im Plasma bzw. Serum angenommen werden, sind entsprechende Untersuchungen von besonderer Bedeutung (vgl. [33, 98]). Derartige Bestimmungen wurden jedoch erst durch die Entwicklung neuer Methoden möglich, weil die bisher bekannten chemischen und chromatographischen Verfahren Glykoside nur in Konzentrationen nachweisen, die 1–2 Zehnerpotenzen über den im Plasma vorkommenden liegen. Derzeitig werden zur Bestimmung in biologischem Material genutzt:

1. die Hemmung der ^{86}Rb-Aufnahme in Erythrozyten [71],
2. die Hemmung des (Na^+-K^+)-ATPase-Systems aus Rinder- oder Schweinehirn (vgl. [82]),
3. die Konkurrenz um einen glykosidspezifischen Antikörper (Radioimmunoassay, [96]) sowie
4. die Bindung an einen glykosidspezifisch reagierenden Antikörper-Enzym-Komplex (Enzymimmunoassay, [15]).

Zur kritischen Einschätzung der angeführten Methoden vgl. [11, 45]. Seit 9 Jahren werden die Digoxin- und Digitoxinplasmaspiegel mit dem therapeutischen Erfolg korreliert. Ziel dieser Untersuchungen ist es, den Konzentrationsbereich zu ermitteln, in dem eine Rekompensation erreicht wird und darüber hinaus den Plasmaspiegel zu finden, oberhalb dessen mit Intoxikationen (z. B. Herzrhythmus-Störungen) zu rechnen ist. Diese sogenannten „Grenzkonzentrationen“ liegen für Digoxin bei 2 ng/ml, für Digitoxin bei 30–35 ng/ml (vgl. [98]) und für Pengitoxin bei 30–40 ng/ml [44]. Wie aus den in Abbildung 2 dargestellten Ergebnissen unter

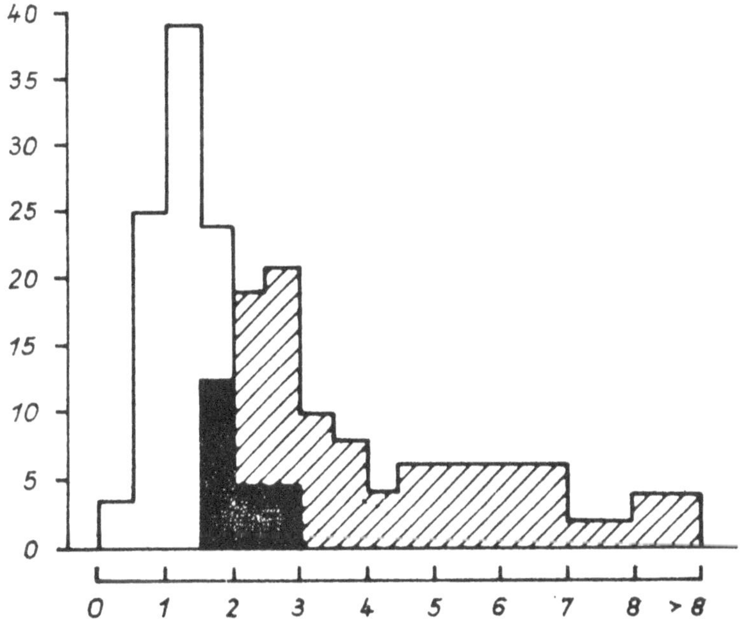

Abb. 2 Häufigkeitsverteilung der Höhe des Digoxinplasmaspiegels an 179 mit Digoxin behandelten Patienten unter „steady state"-Bedingungen. 131 Patienten ohne (□) und 48 Patienten mit (▨) Zeichen der Glykosidintoxikation.
Bereich der Überschneidungen (■) (Zit. nach [97])

Digoxin zu erkennen ist, ergibt sich eine relativ scharfe Trennung zwischen den Patienten ohne und mit Intoxikationserscheinungen. Der schwarze Bereich weist jedoch auf Überschneidungen hin: Bei einer Reihe von Patienten treten Intoxikationen bereits bei Konzentrationen < 2 ng/ml auf, während andere Patienten Plasmaspiegel bis zu 3 ng/ml ohne unerwünschte Symptome tolerieren. Durch diese Überschneidungen wird der Aussagewert der „Grenzkonzentration" einge-

Tabelle 4
Faktoren, die die Wirksamkeit von Herzglykosiden beeinflussen

1. mangelnde „compliance" des Patienten
2. akuter Myokardinfarkt, Kardiomyopathie, Cor pulmonale, schwere Formen der Herzinsuffizienz, Malabsorptionssyndrom
3. Hypothyreose
4. eingeschränkte Nierenfunktion
5. hohes Lebensalter ($>$ 65 J.), erniedrigtes Gewicht ($<$ 68 kg)
6. Elektrolytstörungen ($K^+ \downarrow$, $Ca^{2+} \uparrow$, $Mg^{2+} \downarrow$)
7. Interaktionsphänomene durch gleichzeitig verabreichte Arzneimittel

schränkt, weil mehrere Faktoren die pharmakodynamischen und pharmakokinetischen Eigenschaften der Glykoside beeinflussen (vgl. Tab. 4).

Korrelation Plasma- und Gewebskonzentration

Da der Plasmaspiegel als Kriterium zur Beurteilung einer effektiven Glykosidtherapie gewählt wurde, war zu prüfen, ob Beziehungen zur Konzentration des Glykosids am Myokard und/oder zu Kontraktilitätsparametern bestehen.

Das Verhältnis der Glykosidkonzentrationen Plasma : Myokard ist mehrfach untersucht worden, wobei erhebliche Abweichungen der Befunde voneinander festgestellt wurden [8, 34, 62, 68]. Diese Untersuchungen basierten jedoch auf Messungen in den verschiedensten Herzanteilen. Unter standardisierten Bedingungen ergaben sich lineare Beziehungen zwischen den Konzentrationen Plasma : Myokard. Für Digoxin wurde ein Verhältnis 1 : 50—55 [68] angegeben, während für Digitoxin nur geschätzte Relationen von 1 : 10—20 (vgl. [36]) vorliegen, weil am Herzen neben dem Glykosid auch seine herzwirksamen Metabolite gebunden werden.

Korrelation Plasmaspiegel und Kontraktilität

Die Suche nach Korrelationen zu Kontraktilitätsparametern ist insofern von besonderer Bedeutung, als sich durch die gleichzeitige Beurteilung beider Größen Möglichkeiten für eine abgestufte Digitalisierung im Sinne einer individuellen Therapie auf der Basis objektiver Kriterien eröffnen könnten. Da aus verschiedenen Gründen die Beurteilung der Kontraktilität des Herzens mittels invasiver Techniken ausscheidet, wurden Untersuchungen mittels nicht-invasiver Methoden durchgeführt. In zahlreichen Studien von Weissler u. Mitarb. [112 bis 114] sowie anderer Autoren [7] wurden Korrelationen zwischen der Höhe des Glykosidspiegels und der Verkürzung der systolischen Zeitintervalle (linksventrikuläre Austreibungszeit, Präejektionsperiode) beschrieben. Diese Untersuchungen wurden jedoch an gesunden Probanden durchgeführt und konnten nach den eigenen Ergebnissen nicht auf den dekompensierten Patienten übertragen werden.

Eigene, an 20 mit Digitoxin behandelten Patienten der Medizinischen Klinik der Medizinischen Akademie Erfurt durchgeführte Untersuchungen ergaben zwar einen Anstieg des mittleren Digitoxinplasmaspiegels sowie Verkürzungen der systolischen Zeitintervalle, jedoch waren die Abweichungen von den Mittelwerten so groß, daß Rückschlüsse für den einzelnen Patienten unmöglich waren (Abb. 3). Unter Berücksichtigung veränderter systolischer Zeitintervalle durch Vitien wählten wir ein einheitliches Patientengut, bei dem es sich um den Zustand nach frischem Myokardinfarkt im Verlaufe einer ischämischen Herzkrankheit handelte. Die nachgewiesenen interindividuellen Unterschiede lassen den Schluß zu, daß die systolischen Zeitintervalle des herzkranken Patienten nicht mit dem Glykosidspiegel korrelieren und für eine Therapieoptimierung nicht in Betracht zu ziehen sind.

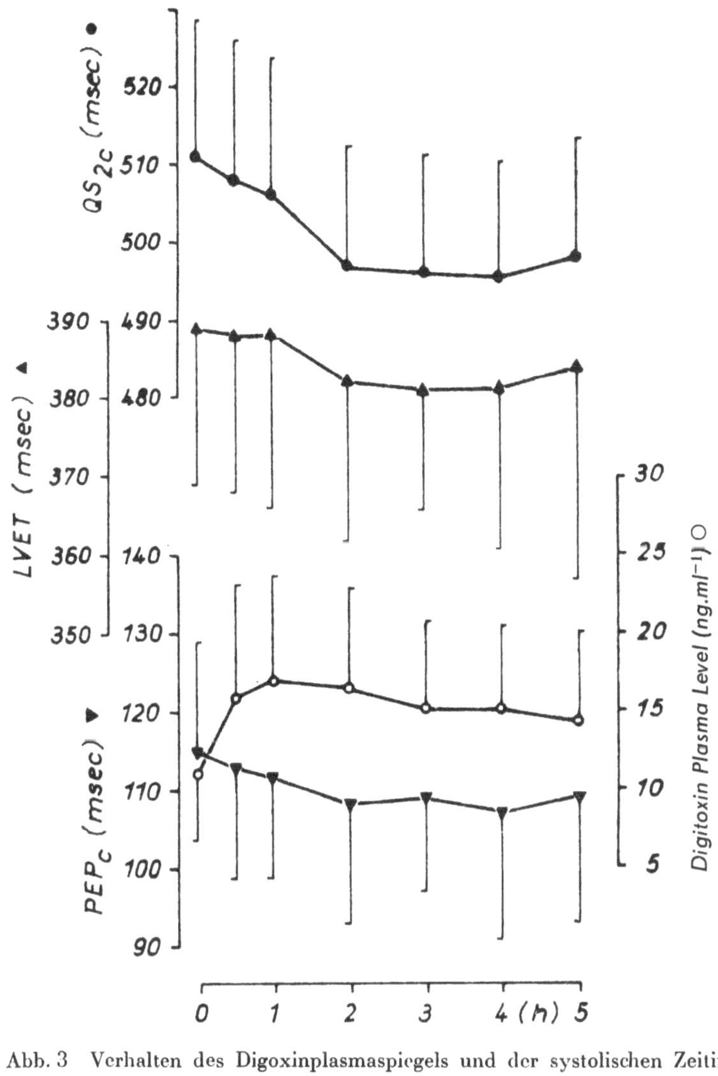

Abb. 3 Verhalten des Digoxinplasmaspiegels und der systolischen Zeitintervalle bei 20 digitalisierten Patienten nach Einnahme von 0,1 mg Digitoxin. Die vertikalen Säulen bezeichnen die Standardabweichung vom Mittelwert

Varianz der pharmakokinetischen Parameter

Im Rahmen einer Therapieoptimierung sind die pharmakokinetischen Parameter (Absorption, Eliminationsgeschwindigkeit) der Herzglykoside am einzelnen Patienten von besonderer Bedeutung, weil letztlich auch die Streubreite des Plasmaspiegels darauf zurückzuführen ist. Um unter „steady state“-Bedingungen die Eliminations-Halbwertzeit) eines Arzneimittels zu bestimmen, wurde ein Verfahren entwickelt, welches bereits für Untersuchungen zur Therapieoptimierung bei dem Antikoagulans Phenprocoumon angewandt wurde [51]. Wie aus dem in Abbildung 4 dargestellten Versuchsbeispiel zu entnehmen ist, fällt die Konzentration des mit ^{3}H markierten Digitoxins nach einmaliger Gabe kontinuierlich ab, während der Glykosidgesamtspiegel nach fortgesetzter Digitoxingabe unverändert hoch bleibt. Bei Annahme einer gleichmäßigen Verteilung von markiertem und nicht-markiertem Digitoxin im Organismus kann aus der Abnahme der Radioaktivität im Plasma auf die Eliminations-HWZ des Glykosids geschlossen werden.

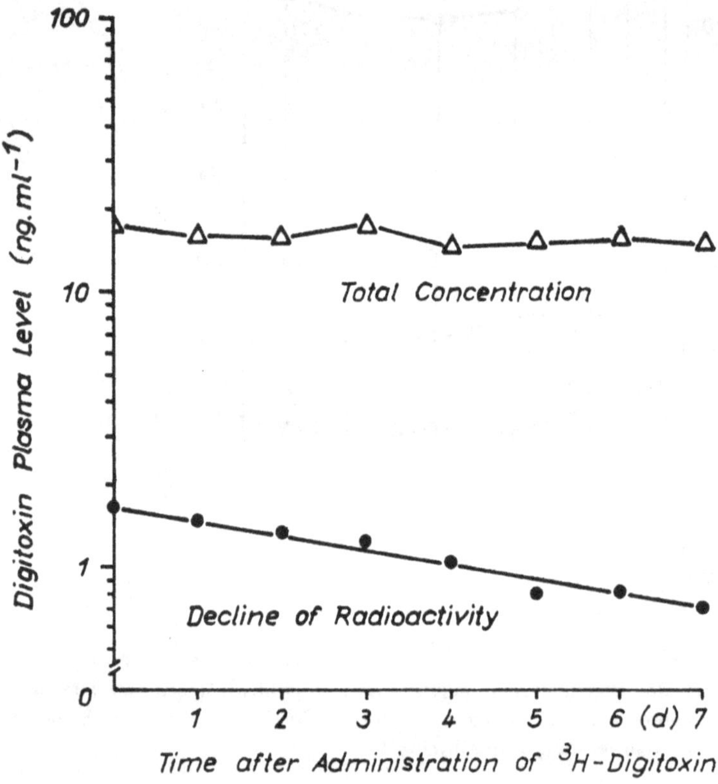

Abb. 4 Digitoxinplasmaspiegel und Abnahme der Radioaktivität nach einmaliger Gabe von ^{3}H-Digitoxin (100 µCi in 0,1 mg) an einen Patienten unter „steady state“-Bedingungen

Die Ergebnisse von 10 Patienten weisen darauf hin, daß die Eliminations-HWZ zwischen Werten von 70 und 234 Std. schwankt. Zwischen der Eliminations-HWZ und dem Digitoxinplasmaspiegel bzw. der kumulativen Ausscheidung von Radioaktivität bestehen enge Beziehungen: Je kürzer die HWZ, desto niedriger der Plasmaspiegel und desto höher die kumulative Ausscheidung und umgekehrt (Abb. 5). Unter Verwendung der von WAGNER [108] aufgestellten Beziehungen (Gl. 1) kann die Erhaltungsdosis D_M aus der Gesamtkörperclearance V_{Cl}, dem Dosierungsintervall τ und der Bioverfügbarkeit F errechnet werden, wenn der Plasmaspiegel $\overline{C}_\infty$ unter „steady state"-Bedingungen auf einen Wert festgesetzt wird:

$$D_M = \frac{V_{Cl} \cdot \overline{C}_\infty \cdot \tau}{F}. \qquad \text{(Gl. 1)}$$

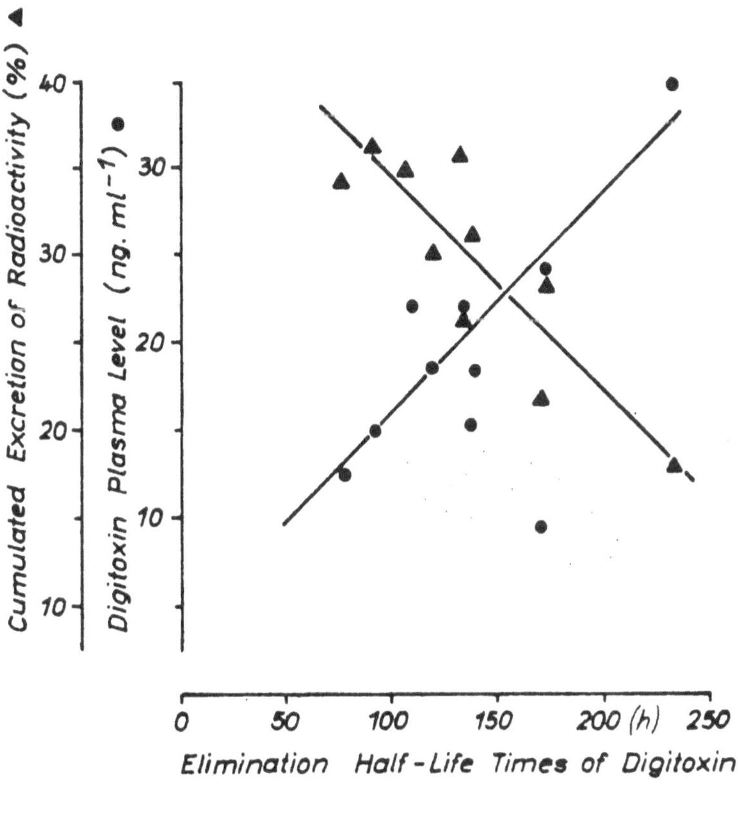

Abb. 5 Beziehungen zwischen der Eliminations-HWZ für ³H-Digitoxin und der Höhe des Glykosidplasmaspiegels (●) bzw. der kumulativen Ausscheidung von ³H-Digitoxin-Abbauprodukten im Urin (▲) bei 10 Patienten unter „steady state"-Bedingungen

Die Gesamtkörperclearance für ^{3}H-Digitoxin läßt sich aus der Konzentrationszeitfläche (AUC) und der verabreichten Dosis ^{3}H-Digitoxin berechnen. Die Erhaltungsdosen schwanken für den einzelnen Patienten zwischen 0,08 und 0,37 mg pro Tag! Verglichen mit den üblichen Erhaltungsdosen von 0,1—0,15 mg pro Tag weichen diese Werte erheblich ab. Es wird zu prüfen sein, inwieweit diese Ergebnisse in die ärztliche Praxis zu übertragen sind.

Die Glykosidwirkung beeinflussende Faktoren

Die bisherigen Darlegungen lassen den Eindruck entstehen, daß die Optimierung der Glykosidanwendung ein pharmakokinetisches Problem ist. Neben den pharmakokinetischen Reaktionsabläufen sind aber zahlreiche Faktoren erkannt worden, die die Glykosidwirkung beeinflussen. Eine Zusammenstellung dieser Faktoren ist Tabelle 4 zu entnehmen.

Besondere Bedeutung ist der „compliance" des Patienten zuzuschreiben, zumal die Höhe des Glykosidplasmaspiegels auch Ausdruck der mehr oder minder zuverlässigen Einnahme des Patienten ist. Nach entsprechenden Untersuchungen [9] lag der mittlere Digoxinspiegel bei klinisch betreuten Patienten bei $2{,}08 \pm 0{,}14$ ng/ml, während er bei ambulant betreuten Patienten nur Werte von $0{,}94 \pm 0{,}10$ ng/ml erreichte. Diese Differenzen wurden trotz gleicher Zusammensetzung des Krankengutes und Einnahme gleich hoher Dosen beobachtet.

Bei der Optimierung der Digoxintherapie sind in den vergangenen Jahren zahlreiche Untersuchungen zur Bioverfügbarkeit des Glykosids aus verschiedenen Zubereitungen erforderlich gewesen (vgl. [42, 56]). Diesbezügliche Probleme sind weitgehend geklärt. In besonderem Maße nimmt der Funktionszustand der Nieren Einfluß auf die kinetischen Prozesse (vgl. [52, 64, 97]). Die kurze Eliminations-HWZ von Digoxin sollte Anlaß genug sein, häufiger als unter Digitoxin die Effektivität der Therapie mit Hilfe der Plasmaspiegel-Bestimmung zu kontrollieren.

Tabelle 5
Formeln für die Digoxintherapie

1. Sättigungsdosis (LD in mg) = $\underline{0{,}02 \times \text{KG (kg)}}$
   (bei Adipösen nicht anzuwenden)
2. Erhaltungsdosis (MD in mg) = $\underline{0{,}0035\ (\text{Cl}_{\text{Kr}} + 45)}$
3. Kreatininclearance (Cl_{Kr} in ml · Min.$^{-1}$) = $\dfrac{(140 - \text{Alter}) \times \text{KG}}{7{,}2 \times c_{\text{Kr}}}$
   (Serumkreatinin c_{Kr} in mg · l^{-1})
4. tägliche Digoxinausscheidung (E_{Dig} in %) = $\underline{0{,}2\ \text{Cl}_{\text{Kr}} + 14}$
5. aktueller Digoxingehalt im Organismus (TBC in µg · kg^{-1}) = $\dfrac{\text{MD}}{\text{E}_{\text{Dig}} \times \text{KG}} \times 55000$
6. Digoxinplasmaspiegel (c_{Dig} in ng · ml^{-1}) = $\underline{0{,}2\ \text{TBC} - 0{,}5}$
   (Die Formeln gelten nur für Digoxin und eine Bioverfügbarkeit von 0,6!)

Neben derartigen relativ kostenaufwendigen Bestimmungen sind Methoden zur rechnerischen Ermittlung des Plasmaspiegels, der Kreatininclearance und der Erhaltungsdosis erarbeitet worden [27, 52, 57, 64, 118]. Unter Berücksichtigung der Bioverfügbarkeit des neu in den Handel gekommenen Digoxinpräparates Dilanacin Neu® ergeben sich die in Tabelle 5 zusammengefaßten Formeln [17, 95, 109, 110, 118], mit denen bei Beachtung des Kreatininplasmaspiegels, des Alters und Körpergewichtes einigermaßen sichere Abschätzungen für die Digoxintherapie zu treffen sind. Nach umfangreichen Untersuchungen [52, 90] sind gerade diese Faktoren auch diejenigen, die die Abweichungen von einem mittleren Digoxinplasmaspiegel verursachen.

Die Absorption der Glykoside wird bei schweren Formen einer Stauungsinsuffizienz und beim Malabsorptionssyndrom deutlich eingeschränkt [35]. Im klinischen Schrifttum wird des weiteren auf eine zurückhaltende Digitalisierung bei Cor pulmonale [21, 102] und nach einem Myokardinfarkt [5, 70, 99] hingewiesen, während bei einer hypertrophisch obstruierenden Kardiomyopathie Glykoside kontraindiziert sind [13]. Neueren klinischen Untersuchungen zufolge ist jedoch eine Digitalisierung mit geringeren Dosen möglich [18, 28].

Der Funktionszustand der Schilddrüse ist für die Wirksamkeit der Glykoside ebenfalls von Bedeutung. Bei Hypothyreoidikern wurden erhöhte Plasmaspiegel gemessen, woraus sich eine erhöhte Empfindlichkeit ableiten ließ [22]. Die Nierenfunktion und altersbedingte Einschränkungen sind für solche Glykoside von Bedeutung, die unverändert bzw. als kardiotonisch wirksame Glykoside ausgeschieden werden (Digoxin, Ouabain, 16-Acetyl-gitoxin). Für Proscillaridin sind keine eindeutigen Ergebnisse bekannt. Das fettfreie Körpergewicht spielt vor allem beim mit Digoxin behandelten Patienten eine Rolle, weil Gewichtsverminderungen mit Abnahme der quergestreiften Muskulatur sowie altersbedingte Verminderungen des Extrazellulärraumes (Exsikkose) zum Anstieg des Plasmaspiegels mit Intoxikationserscheinungen führen [25, 26, 101]. Damit ist das fettfreie Körpergewicht für die Ermittlung der Erhaltungsdosis von Digoxin von entscheidender Bedeutung (Tab. 5).

Die Rolle des Elektrolytspiegels ist für die Wirksamkeit der Herzglykoside hinreichend bekannt. Bei der häufig zu beobachtenden Hypokaliämie, u. a. gefördert durch die langfristige Einnahme von Saluretika und Laxantien (vgl. [2]), nimmt die Wirksamkeit der Herzglykoside zu, ohne daß der Plasmaspiegel ansteigt. Ähnliche Reaktionen werden bei der seltener auftretenden Hypomagnesiämie beschrieben [88]. Die Hypokalziämie kann eine „Digitalisresistenz" vortäuschen, die durch Anheben des Ca^{++}-Spiegels auf Normwerte zu beseitigen ist [16]. Umgekehrt führen Ca^{++}-Injektionen beim normokalzämischen digitalisierten Patienten zu lebensbedrohlichen Situationen [12].

Darüber hinaus sind zahlreiche Interaktionsphänomene bei kombinierter Anwendung mit anderen Arzneimitteln bekannt. Tabellarische Übersichten wurden erst kürzlich veröffentlicht (vgl. [40]).

Kombination mit anderen Arzneimitteln

Künftig wird eine weitere Form der Optimierung der Glykosidtherapie in der kombinierten Anwendung mit anderen Arzneimitteln zu sehen sein. β-Rezeptorenblocker werden häufig in Kombination mit Digitalisglykosiden angewandt, um Rhythmusstörungen zu beseitigen. Der negativ inotrope Effekt ist bei mittleren Propranololdosen zu vernachlässigen [23] und wird durch Herzglykoside kompensiert [74]. Dafür wird die therapeutische Breite der Glykoside möglicherweise über die Erzeugung einer Hyperkaliämie an der Myokardmembran erhöht (vgl. [10, 38, 116]), so daß auch überhöhte Glykosiddosen noch nicht zu Intoxikationen führen müssen. Am isolierten Herzen werden bei Kombination beider Arzneimittel sehr viel höhere Inotropiezunahmen als bei alleiniger Glykosidgabe erzielt [38]. Bei der ischämischen Herzkrankheit hat sich diese Kombination als vorteilhaft erwiesen [19]. Für den Patienten gefahrvoll kann allerdings die Kombination hoher Propranololdosen mit Herzglykosiden werden, weil die negativ chronotropen und dromotropen Propranololwirkungen zusammen mit den Glykosideffekten am Reizleitungssystem zu Herzblockierungen führen können [111].

Ebenfalls als wertvoll hat sich die Kombination mit Triamteren erwiesen [89], nachdem in vorangegangenen Untersuchungen [87] eine gegensätzliche Wirkung des Diuretikums auf den durch Acetylstrophanthidin erzeugten Anstieg der atrioventrikulären K^+-Konzentration nachgewiesen worden war. Die Kombination führt am narkotisierten Hund zu einem additiven kontraktilitätssteigernden Effekt [89]. Die klinische Brauchbarkeit dieses Effektes sowie ähnliche Reaktionen mit anderen kaliumsparenden Diuretika (Ethacrynsäure, Amilorid) werden derzeitig überprüft.

Wahl des Glykosids

Obwohl Digitalisglykoside über einen einheitlichen Wirkungsmechanismus verfügen, kommen immer wieder Meinungen über zu differenzierende Eigenschaften auf, die einen unterschiedlichen Einsatz favorisieren. Nach dem derzeitigen Stand der Kenntnisse gibt es jedoch keine differentialtherapeutischen Erwägungen. Die besprochenen Glykoside können mit gleichem Erfolg zur Behandlung der Herzinsuffizienz herangezogen werden. Als Ausnahme sei die instabile Niereninsuffizienz angeführt [85], bei der anstelle von Digoxin Digitoxin wegen seiner nierenunabhängigen Elimination [107] allen anderen Glykosiden überlegen ist.

Wertigkeit der Plasmaspiegelbestimmung

Die angeführten Befunde lassen nur schwer die Frage der Optimierung beantworten. Mit Ausnahme der Plasmaspiegelbestimmung, der Ermittlung individualkinetischer Parameter sowie der Anwendung von Berechnungsformeln sind alle anderen Faktoren Erkenntnisse, die bei der Medikation zu berücksichtigen sind, ohne daß sie zu einer Optimierung direkt beitragen. Der in den vergangenen Jahren mehrfach geäußerten Ansicht, durch häufige Plasmaspiegelbestimmungen bereits eine optimale Glykosidtherapie zu garantieren, ist nicht vorbehaltlos zuzustimmen. Auch wenn die Intoxikationshäufigkeit unter der Digoxinmedikation durch diese Bestimmungen um 50% vermindert wurde [63, 77, 90, 97], so gibt es auch widersprechende Befunde [31, 59], nach denen keine Korrelationen zwischen Intoxikation und Höhe des Plasmaspiegels zu finden waren.

Nach wie vor sind das klinische Bild und die Besserung des Befindens des Patienten dominierend, sie sind auch künftig durch keinen „paraklinischen" Parameter zu ersetzen. Ihre Berechtigung haben Plasmaspiegelbestimmungen bei Problemfällen bzw. bei der Klärung wissenschaftlicher Fragestellungen. So können im Verlaufe einer Digitalisierung auftretende Rhythmusstörungen die Folge der Erkrankung oder der Digitalisierung sein. Die Bestimmung des Plasmaspiegels kann für die Klärung der Ursache von erheblichem Nutzen sein. In vielen Fällen leitet sich daraus die Indikation zur Schrittmacherimplantation ab, zumal zwischen dem Ausmaß der Rhythmusstörungen und der Höhe des Glykosidspiegels Korrelationen beschrieben wurden [33, 54, 97].

Schlußfolgerungen

1. Die pharmakokinetischen Untersuchungen der vergangenen 15 Jahre haben einen Erkenntniszuwachs erbracht, der die Glykosidtherapie von ärztlicher Empirie weitgehend befreite und sie gleichzeitig auf eine höhere Stufe der Rationalität anhob.
2. Digitalisglykoside sind eine der wenigen Arzneistoffklassen, die das menschliche Leben verlängern und die Lebensqualitäten in entscheidendem Maße verbessern können. Aus diesen Gründen muß die Digitalistherapie trotz der unverändert geringen therapeutischen Breite über Jahre bzw. Jahrzehnte optimal geführt werden, was unter Berücksichtigung der vielfältigen Erkenntnisse auch möglich ist.
3. Eine entscheidende Verbesserung der Glykosidtherapie wäre durch die Entwicklung neuer Glykoside mit besonderen therapeutischen Eigenschaften (geringere Beeinflussung des Reizleitungssystems) zu erreichen. Ein Glykosid mit größerer therapeutischer Breite für den umfassenden Einsatz in der Klinik wurde jedoch bisher nicht entwickelt.
4. Wenn auch ärztliche Erfahrung und kinetische Gesetzmäßigkeiten zunehmend aufeinandertreffen, so ist die Therapieführung nach der überwiegenden Beurteilung kinetischer Parameter nicht praxisrelevant. Nach wie vor ist der klinischen Beurteilung des Therapieerfolges der Vorrang zu geben, auch wenn durch Plasmaspiegelbestimmungen erhebliche Erleichterungen bei der Führung der Therapie zu erzielen sind.

Für kritische Hinweise bei der Abfassung des Manuskriptes bin ich Herrn Markwardt zu Dank verpflichtet.

Literatur

[1] Aldous, S. and Thomas, R.: Absorption and metabolism of lanatoside C, II. Fate after oral administration. Clin. Pharmacol. Ther. **21**, 647 (1977).

[2] Ascione, F. J.: Digitalis glycosides with potassium-depleting diuretics. Drug Ther. **7**, 106 (1977).

[3] Augsberger, A.: Quantitatives zur Therapie mit Herzglykosiden. I. Mitteilung: Die Variabilität von Glykosidbedarf und -toleranz. Med. Welt **20**, 1471 (1951).

[4] Augsberger, A.: Quantitatives zur Therapie mit Herzglykosiden. II. Mitteilung: Kumulation und Abklingen der Wirkung. Klin. Wschr. **32**, 945 (1954).

[5] Balcon, R., Hoy, J. and Sowton, E.: Haemodynamic effects of rapid digitalization following acute myocardial infarction. Brit. Heart J. **30**, 373 (1968).

[6] Belz, G. und Belz, G.: Untersuchungen zur Pharmakokinetik von Meproscillaridin. Arzneimittel-Forsch. **28**, 535 (1978).

[7] Belz, G. G., Erbel, R., Schumann, K. and Gilfrich, H. J.: Dose-response relationships and plasma concentrations of digitalis glycosides in man. Europ. J. clin. Pharmacol. **13**, 103 (1978).

[8] Biddle, Th. L., Weintraub, M. and Lasagna, L.: Relationship of serum and myocardial digoxin concentration to electrocardiographic estimation of digoxin intoxication. J. clin. Pharmacol. **18**, 10 (1978).

[9] Binnion, P. F.: Human plasma digoxin levels. Irish J. Med. Sci. **143**, 30 (1974).

[10] Binnion, P. F. and DasGupta, R.: Triated digoxin metabolism after prior treatment with propranolol or diphenylhydantoin sodium. Int. J. Clin. Pharmacol. **12**, 96 (1975).

[11] Bodem, G. und Gilfrich, H. J.: Methoden zur Bestimmung von Digoxin und Digitoxin im Blut und ihre klinische Bedeutung. Klin. Wschr. **51**, 57 (1973).

[12] Bower, J. O. and Mengle, H. A. K.: The additive effect of calcium and digitalis. A warning, with a report of two deaths. J. Amer. med. Assoc. **126**, 1151 (1936).

[13] Braunwald, E., Brockenbrough, E. C. and Frye, R. L.: Studies on digitalis. V. Comparison of the effects of ouabain on left ventrical dynamics in valvular aortic stenosis and hypertrophic subaortic stenosis. Circulation **26**, 166 (1962).

[14] Cattell, McK. and Gold, H.: The influence of digitalis glucosides on the force of contraction of mammalian cardiac muscle. J. Pharmacol. exp. Ther. **62**, 116 (1938).

[15] Chang, J., Crowl, C. and Schneider, R.: Homogenous enzyme immunoassay for digoxin. Clin. Chem. **21**, 967 (1975).

[16] Chopra, D., Janson, P. and Sawin, C. T.: Insensitivity to digoxin associated with hypocalcemia. New Engl. J. Med. **296**, 917 (1977).

[17] Clayton, B. D.: Reduction of digitalis glycoside intoxication by rational dosing procedures. Amer. J. Hosp. Pharm. **31**, 855 (1974).

[18] Cohn, K., Selzer, A., Kersh, E. S., Karpman, L. S. and Goldschlager, N.: Variability of hemodynamic responses to acute digitalization in chronic cardiac failure due to cardiomyopathy and coronary artery disease. Amer. J. Cardiol. **35**, 461 (1975).

[19] Crawford, M. H., LeWinter, M. M., O'Rourke, R. A., Karliner, J. S. and Ross, J.: Combined propranolol and digoxin therapy in angina pectoris. Ann. int. Med. **83**, 449 (1975).

[20] Dengler, H. J., Bodem, G. und Wirth, K.: Pharmakokinetische Untersuchungen

mit ^{3}H-Digoxin und ^{3}H-Lanatosid beim Menschen. Arzneim.-Forsch. (Drug Res.) **23**, 64 (1973).

[21] Doherty, J. E., Kane, J. J., Phillips, J. R. and Adamson, J. S.: Digitalis in pulmonary disease (cor pulmonale). Drugs **13**, 142 (1977).

[22] Doherty, J. E. and Perkins, W. H.: Digoxin metabolism in hypo- and hyperthyroidism; studies with tritiated digoxin in thyroid disease; Ann. Intern. med. **64**, 489 (1966).

[23] Ekelund, L.-G., Johnsson, G., Melcher, A. and Orö, L.: Effects of cedilanid-D in combination with metoprolol on exercise tolerance and systolic time intervals in angina pectoris. Am. J. Cardiol. **37**, 630 (1976).

[24] Elderfield, R. C.: The chemistry of the cardiac glycosides. Chem. Rev. **17**, 187 (1935).

[25] Ewy, G. A., Groves, B. M., Ball, M. F., Nimmo, L., Jackson, B. and Marcus, F.: Digoxin metabolism in obesity. Circulation **44**, 810 (1971).

[26] Ewy, G. A., Kapadia, G. G., Yao, L., Lullin, M. and Marcus, F. I.: Digoxin metabolism in the elderly. Circulation **34**, 449 (1969).

[27] Falch, D.: The influence of kidney function, body size and age on plasma concentration and urinary excretion of digoxin. Acta med. scand. **194**, 251 (1973).

[28] Fiehring, H., Assmann, I. und Oltmanns, G.: Untersuchungen zur Herzglykosidwirkung bei obstruktiver Kardiomyopathie. In: K.-O. Haustein (Hrsg.) Klinische Pharmakologie von Digitalisglykosiden, Ergebn. Exp. Med. Bd. 37, S. 63 (1980).

[29] Fiehring, H., Sundermann, A. und Knappe, J.: Penta-acetyl-gitoxin — ein neues Herzglykosid. Dt. Ges.-Wesen **18**, 1334 (1963).

[30] Fullerton, D. S. and Yoshioka, K.: Cardenolide analogues. 4. (20R)- and (20S)-Cardenolides: On the roles of the 20(22)-ene and 14β-hydroxyl in genin activity. J. Med. Chem. **22**, 529 (1979).

[31] Goldman, S., Probst, P., Selzer, A. and Cohn, K.: Inefficacy of "therapeutic" serum levels of digoxin in controlling the ventricular rate in atrial fibrillation. Am. J. Cardiol. **35**, 651 (1975).

[32] Güntert, Th. W. and Linde, H. H. A.: Cardiac glycosides: Prerequisites for the development of new cardiotonic compounds. Experientia **33**, 697 (1977).

[33] Haasis, R. und Larbig, D.: Serumglykosidkonzentration und Digitalisintoxikation. Dt. Med. Wschr. **100**, 1768 (1975).

[34] Härtel, G., Kyllönen, K., Merikallio, E., Ojala, K., Manninen, V. and Reissell, P.: Human serum and myocardium digoxin. Clin. Pharmacol. Ther. **19**, 153 (1976).

[35] Hall, W. H.: Tritiated digoxin XXII. Absorption and excretion in malabsorption syndromes. Am. J. Med. **56**, 437 (1974).

[36] Hamamoto, H., Takeda, H., Katoh, T., Tokuoka, T., Kitamura, K. and Takanashi, T.: Correlation between myocardial and plasma concentration of digitoxin and its metabolites with special reference to digitoxin radio-immunoassay. Jap. Circulat. J. **40**, 747 (1976).

[37] Hatcher, R. A. and Brody, J. G.: The biological standardization of drugs. Amer. J. Pharmacol. **82**, 360 (1910).

[38] Haustein, K.-O.: Comparison of therapeutic and toxic actions of ouabain, gitoxin and 16-epi-gitoxin on isolated atria at different extracellular potassium concentrations. Eur. J. Pharmacol. **21**, 195 (1973).

[39] Haustein, K.-O.: Studies on cardioactive steroids. I. Structure-activity relationships on the isolated atrium. Pharmacology **11**, 117 (1974).

[40] Haustein, K.-O.: Herzglykoside — seit langem genutzte Arzneimittelgruppe mit neuen Problemen. Medizin aktuell **3**, 208 (1977).

[41] Haustein, K.-O.: Absorption and metabolism of 16-epi-gitoxin, a new semi-synthetic cardioactive glycoside. Eur. J. clin. Pharmacol. **11**, 455 (1977).

[42] Haustein, K.-O.: Probleme der Bioverfügbarkeit von Arzneimitteln. Zbl. Pharmaz. **116**, 339 (1977).

[43] Haustein, K.-O.: Extraordinary cardiac effects of 16-epi-gitoxin in comparison to ouabain in cats and dogs. Pharmacology **15**, 178 (1977).

[44] Haustein, K.-O.: Measurement of glycoside plasma level following pengitoxin administration. Eur. J. clin. Pharmacol. **13**, 389 (1978).

[45] Haustein, K.-O.: Methoden zur Bestimmung von Herzglykosiden — Möglichkeiten und Erfahrungen. Zschr. med. Labor.-Diagn. **20**, 99 (1979).

[46] Haustein, K.-O. and Hauptmann, J.: Studies on cardioactive steroids. II. Structure-activity relationships in the isolated guinea-pig heart. Pharmacology **11**, 127 (1974).

[47] Haustein, K.-O., Hauptmann, J. and Nowak, G.: Cardiac effects of 16-acetyl-gitoxin, the active glycoside after penta-acetyl-gitoxin administration. Acta biol. med. germ. **37**, 1713 (1978).

[48] Haustein, K.-O., Markwardt, F. and Repke, K. R. H.: Different relationships between therapeutic and toxic actions of 16-epi-gitoxin, gitoxin and ouabain on isolated cardiac preparations. Eur. J. Pharmacol. **10**, 1 (1970).

[49] Haustein, K.-O., Pachaly, Chr., Megges, R. and Franke, P.: Investigation into the species-specific deacylation of penta-acetyl-gitoxin. Eur. J. clin. Pharmacol. **14**, 425 (1978).

[50] Haustein, K.-O., Pachaly, Chr. and Murawski, D.: Pharmacokinetic investigations with ^{3}H-penta-acetyl-gitoxin in volunteers and patients with respect to the occurrence of drug latentation. Int. J. clin. Pharmacol. **16**, 285 (1978).

[51] Haustein, K.-O., Richter, M., Vogel, G. and Mittag, E.: Individualization of drug dosage during long-term treatment with phenprocoumon (Falithrom®). Int. J. clin. Pharmacol. **16**, 372 (1978).

[52] Heinz, H. and Rietbrock, N.: Relationship between dose and plasma level of digoxin and patient characteristics. Eur. J. clin. Pharmacol. **15**, 109 (1979).

[53] Hench, P. S., Kendall, E. C., Slocumb, C. H. and Polley, H. F.: Effect of hormone of adrenal cortex (17-hydroxy-11-dehydrocorticosterone; compound E) and of pituitary adrenocorticotropic hormone on rheumatoid arthritis; preliminary report. Proc. Mayo Clin. **24**, 181 (1949).

[54] Hennersdorf, G., Mariss, P., Biermann, S., Haidl, H. und Lichtlen, P.: Zusammenhang digoxinbedingter kardialer Arrhythmien mit dem Serumdigoxinspiegel. Dt. med. Wschr. **102**, 381 (1977).

[55] Herzog, H. L., Nobile, A., Tolksdorf, S., Charney, W., Hershberg, E. B., Perlman, P. L. and Pechet, M. M.: New antiarthritic steroids. Science **121**, 176 (1955).

[56] Hoffbrand, I. (Ed.): Digoxin bioavailability, in: Postgrad. Med. J. **50**, Suppl. 6, 1 (1974).

[57] Iisalo, E. and Ruikka, I.: Serum levels and renal excretion of digoxin in the elderly. Acta med. scand. **196**, 59 (1974).

[58] Imai, S., Murase, H., Katori, M., Okada, M. and Shigei, T.: A study on the structure-activity relationship of the cardiotonic steroids. Jap. J. Pharmac. **15**, 62 (1965).

[59] Ingelfinger, J. A. and Goldman, P.: The serum digitalis concentration — does it diagnose digitalis toxicity? New Engl. J. Med. **294**, 867 (1976).

[60] Jacobs, W. A.: Chemistry of cardiac glucosides. Physiol. Rev. **13**, 222 (1933).

[61] Karjalainen, J. and Ojala, K.: Therapeutic and toxic lanatoside C serum concentrations in hospital patients. Klin. Wschr. **53**, 685 (1975).

[62] Kim, P. W., Krasula, R. W., Soyka, L. F. and Hastreiter, A. R.: Postmortem tissue digoxin concentrations in infants and children. Circulation **52**, 1128 (1975).

[63] Koch-Weser, J., Duhme, D. W. and Greenblatt, D. J.: Influence of serum digoxin concentration measurements on frequency of digitoxicity. Clin. Pharmacol. Ther. **16**, 284 (1974).

[64] Koup, J. R., Jusko, W. J., Elwood, C. M. and Kohli, R. K.: Digoxin pharmacokinetics: role of renal failure in dosage regimen design. Clin. Pharmacol. Ther. **18**, 9 (1975).

[65] Larbig, D., Haasis, R. und Kochsiek, K.: Die Glykosidkonzentration und ihre klinische Bedeutung. Forum Cardiologicum No. 15, Boehringer Mannheim GmbH, Mannheim 1978.

[66] Lesne, M. et Brasseur, L.: Etude préliminaire de la pharmacocinétique de la gitoxine chez l'homme après administration intraveineuse. J. Pharmacol. (Paris) **8**, 553 (1977).

[67] Levy, G. and Gibaldi, M.: Bioavailability of drugs: Focus on digoxin. Circulation **39**, 391 (1974).

[68] Lichey, J., Havestatt, Ch., Weinmann, J., Hasford, J. and Rietbrock, N.: Human myocardium and plasma digoxin concentration in patients on long-term digoxin therapy. Int. J. clin. Pharmacol. **16**, 460 (1978).

[69] Lindig, C. und Repke, K.: 16-epi-Gitoxin, ein neues partialsynthetisches Herzglykosid. Naunyn Schmiedeberg's Arch. exp. Path. Pharmak. **253**, 66 (1966).

[70] Lipp, H., Denes, P. and Gambetta, M.: Hemodynamic response to acute intravenous digoxin in patients with recent myocardial infarction and coronary insufficiency with and without heart failure. Chest **63**, 862 (1973).

[71] Lowenstein, J. M. and Corrill, E. M.: An improved method for measuring plasma tissue concentrations of digitalis glycosides. J. Labor. clin. Med. **67**, 1048 (1966).

[72] Matsumura, S., Kimoto, S., Uno, O., Minesita, T. and Ueda, M.: Some pharmacological studies on the cardiotonic effects of furanosteroidal glycosides. Arch. int. Pharmacodyn. Ther. **225**, 246 (1977).

[73] Megges, R., Portius, H. J. und Repke, K. R. H.: Über den Ersatz des Ringsauerstoffs im Lactonring der Cardenolide durch Stickstoff. Pharmazie **34**, 328 (1979).

[74] Nechwatal, W., König, E., Isbary, J. und Greding, H.: Hämodynamische Interaktionen von Propranolol und Digitalis bei Patienten mit Hypertonie. Z. Kardiol. **66**, 572 (1977).

[75] Neumann, W.: Vergleichende Untersuchungen über die pharmakologische Wirksamkeit von natürlichen und synthetischen Derivaten des k-Strophanthins. Naunyn-Schmiedeberg's Arch. exp. Path. Pharmakol. **185**, 329 (1937).

[76] Nowak, G. and Haustein, K.-O.: Different toxic effects of ouabain and 16-epigitoxin on Purkinje fibres and ventricular muscle fibres. Pharmacology **14**, 256 (1976).

[77] Ochs, H. und Bodem, G.: Bedeutung des Digitalisplasmaspiegels für die Therapieüberwachung. Med. Welt **30**, 602 (1979).

[78] Pastelin, G. and Mendez, R.: Singular effects of a new short acting cardiac glycoside in Purkinje cells. Eur. J. Pharmacol. **19**. 291 (1972).

[79] Reichstein, T.: Chemie der herzaktiven Glykoside. Angew. Chemie **63**, 412 (1951).

[80] Repke, K. R. H., Herrmann, I., Kunze, R., Portius, H. J., Schön, R. and Schönfeld, W.: Mechanism of digitalis action and the importance of the kinetics of the formation and decompensation of glycoside-receptor complex for understanding of overall pharmacokinetics of digitalis compounds; in: Symposium on Digitalis, ed. by O. Storstein, p. 143, Gyldendal Norsk Forlag, Oslo (Norway), 1973.

[81] Repke, K. und Megges, R.: Die Entwicklung eines neuen Herzglykosid-Präparats mit großer therapeutischer Breite (Pentaacetyl-gitoxin). Dt. Ges.-Wesen **18**, 1325 (1963).

[82] Repke, K. und Portius, H. J.: Über die Identität der Ionenpumpen-ATPase in der Zellmembran des Herzmuskels mit einem Digitalis-Rezeptorenenzym. Experentia (Basel) **19**, 452 (1963).

[83] Rietbrock, N. und Abshagen, U.: Stoffwechsel und Pharmakokinetik der Lanataglykoside beim Menschen. Dt. Med. Wschr. **98**, 117 (1973).

[84] Rietbrock, N., Kuhlmann, J. und Vöhringer, H. F.: Pharmakokinetik von Herzglykosiden und klinische Konsequenzen. Fortschr. Med. **95**, 909 u. 951 (1977).

[85] Rietbrock, I., Streng, H. und Pesold, R.: Digoxinkonzentrationen im Plasma von Intensivpatienten eines Anaesthesiologischen Krankengutes. Klin. Wschr. **56**, 503 (1978).

[86] Rothlin, E. und Bircher, R.: Pharmakodynamische Grundlagen der Therapie mit herzwirksamen Glykosiden. Erg. Inn. Med. **5**, 457 (1954).

[87] Seller, R. H., Banach, S , Namey, T., Neff, M. and Swartz, C.: Cardiac effect of diuretic drugs. Am. Heart J. **89**, 493 (1975).

[88] Seller, R. H., Cangiano, J., Kim, K. E., Mendelssohn, H. N., Brest, A. N. and Swartz, C.: Digitalis toxicity and hypomagnesimia. Am. Heart J. **79**, 57 (1970).

[89] Seller, R. H., Greco, J., Banach, S. and Seth, R.: Increasing the inotropic effect and toxic dose of digitalis by the administration of antikaliuretic drugs — further evidence for a cardiac effect of diuretic agents. Am. Heart J. **90**, 56 (1975).

[90] Sheiner, L. B., Rosenberg, B., Marathe, V. V. and Peck, C.: Differences in serum digoxin concentrations between outpatients and inpatients: An effect of compliance? Clin. Pharmacol. Ther. **15**, 239 (1974).

[91] Shigei, T., Katori, M., Murase, H. and Imai, S.: A new finding about the structure-activity relationship of cardiotonic steroids: lack of cardiotonic action in 15α-hydroxy-digitoxigenin. Experientia **20**, 572 (1964).

[92] Shigei, T. and Minishita, S.: Cardiotonic activities of four new compounds derived from digitoxigenin and uzarigenin, and their structure-activity relationship. Experientia **24**, 466 (1968).

[93] Shigei, T., Takeda, K., Tashima, Y. and Nakao, M.: Relationship between the potentiation of potassium-induced contracture of cardiac muscle by four cardenolides and their inhibitory effects on the sodium potassium activated adenosine triphosphatase of brain. Experientia **27**, 415 (1971).

[94] Shigei, T., Tsuru, H. and Ishikawa, N.: Cardiotonic activities of some new type bufadienolide- and cardenolide-conjugates. Experientia **33**, 258 (1977).

[95] Simonson, W. and Stennett, D. J.: Estimation of serum digoxin levels in geriatric patients. Am. J. Hosp. Pharm. **35**, 943 (1978).
[96] Smith, T. W.: Radioimmunoassay for serum digitoxin concentration: methodology and clinical experience. J. Pharmacol. exper. Ther. **175**, 352 (1970).
[97] Smith, T. W. and Haber, E.: The clinical value of serum digitalis glycoside concentrations in the evaluation of drug toxicity. Ann. N. Y. Acad. Sci. **179**, 322 (1971).
[98] Smith, T. W. and Haber, E.: Clinical value of the radioimmunoassay of the digitalis glycosides. Pharmacol. Rev. **25**, 219 (1973).
[99] Schenk, K. E., Schüren, K. P., Buschmann, H. J., Dennert, J., Meyer, V., Ramdohr, B. und Schröder, R.: Rhythmusstörungen bei Digitalisbehandlung von Patienten mit akutem Myokardinfarkt. Dt. Med. Wschr. **96**, 663 (1971).
[100] Schmidt, H. J., Hoffmann, K. D., Kammann, G. und Tönjes, H.: Synthese von neuen in 14- und 15-Stellung N-substituierten Cardenoliden und Cardenolidglykosiden. Pharmazie **34**, 327 (1979).
[101] Schneider, J. und Ruiz-Torres, A.: Bedeutung des Körpergewichts für die Therapie mit Digoxin und Digoxinderivaten. Dt. Med. Wschr. **102**, 116 (1977).
[102] Schüren, K. P. und Hüttemann, U.: Chronisch obstruktive Lungenerkrankungen: Die hämodynamischen Wirkungen von Digitalis beim chronischen Cor pulmonale in Ruhe und unter Belastung. Klin. Wschr. **52**, 736 (1974).
[103] Stoll, A.: The cardiac glycosides. London, Pharmaceutical Press, 1937.
[104] Storz, H.: Zur Erhaltungsdosis von β-Methyl-digoxin. Herzkreislauf (Baden-Baden) **4**, 396 (1972).
[105] Thomas, R., Boutagy, J. and Gelbardt, A.: Cardenolide analogs. V. Cardiotonic activity of semisynthetic analogs of digitoxigenin. J. Pharmacol. Exp. Ther. **191**, 219 (1974).
[106] Thomas, R., Boutagy, J. and Gelbart, A.: Synthesis and biological activity of semisynthetic digitalis analogs. J. Pharm. Sci. **63**, 1649 (1974).
[107] Vöhringer, H. F., Rietbrock, N., Spurny, P. and Kuhlmann, J.: Disposition of digitoxin in renal failure. Clin. Pharmacol. Ther. **19**, 387 (1976).
[108] Wagner, J. G., Northam, J. I., Ashway, C. D. and Carpenter, O. S.: Blood levels of drugs at the equilibrium state after multiple dosing. Nature **207**, 1391 (1965).
[109] Wagner, J. G., Yates, J. D., Willis III, P. W., Sakmar, E. and Stoll, R. G.: Correlation of plasma levels of digoxin in cardiac patients with dose and measures of renal function. Clin. Pharmacol. Ther. **15**, 291 (1974).
[110] Waldorf, S. and Buch, J.: Serum digoxin and empiric methods in identification of digitoxicity. Clin. Pharmacol. Ther. **23**, 19 (1978).
[111] Watt, D. A. L.: Sensitivity to propranolol after digoxin intoxication. Brit. med. J. 3/5615, 413 (1968).
[112] Weissler, A. M., Harris, W. S. and Schoenfeld, C. D.: Systolic time intervals in heart failure in man. Circulation **37**, 149 (1968).
[113] Weissler, A. M., Harris, W. S. and Schoenfeld, C. D.: Bedside techniques for the evaluation of ventricular function in man. Amer. J. Cardiol. **23**, 577 (1969).
[114] Weissler, A. M., Snyder, J. R., Schoenfeld, C. D. and Cohen, S.: Assay of digitalis glycosides in man. Amer. J. Cardiol. **17**, 768 (1966).
[115] Wiggers, C. J.: Studies on the cardiodynamic actions of drugs. I. The application of optical methods of pressure registration in the study of cardiac stimulants and depressants. J. Pharmacol. exp. Ther. **30**, 217 (1927).

[116] Williams, J. F., Klocke, F. J. and Braunwald, E.: Studies on digitalis. XIII. A comparison of the effects of potassium on the inotropic and arrhythmia-producing actions of ouabain. J. Clin. Invest. 45, 346, (1966).
[117] Withering, W.: An account of the foxglove and some of its medical uses: with practical remarks on dropsy and other diseases. C. G. J. & J. Robinson, London, 1785.
[118] Withing, B.: Digoxin therapy: A clinical pharmacokinetic approach. Scot. med. J. 23, 50 (1978).

FSC
www.fsc.org
MIX
Papier | Fördert
gute Waldnutzung
FSC® C083411

Zeitfracht Medien GmbH
Ferdinand-Jühlke-Straße 7
99095 Erfurt, Deutschland
produktsicherheit@kolibri360.de